許願有多種形式，其中向流星許願之說，流傳已久。

不論願望會否成真，許願總帶給人希望，

總帶給人快樂，繼而可以讓人積極前行。

人生就是需要「希望」！

責任編輯　梁潔瑩
裝幀設計　鄧佩儀
排版　鄧佩儀
印務　劉漢舉

慕慕繪本系列

# 可觸摸的流星

文 / 葉淑婷　圖 / 黃慧儀

**出版｜中華教育**

香港北角英皇道 499 號北角工業大廈 1 樓 B 室

電話：(852) 2137 2338　傳真：(852) 2713 8202

電子郵件：info@chunghwabook.com.hk

網址：http://www.chunghwabook.com.hk

**發行｜香港聯合書刊物流有限公司**

香港新界荃灣德士古道 220-248 號荃灣工業中心 16 樓

電話：(852) 2150 2100　傳真：(852) 2407 3062

電子郵件：info@suplogistics.com.hk

**印刷｜美雅印刷製本有限公司**

香港觀塘榮業街 6 號海濱工業大廈 4 樓 A 室

**版次｜2023 年 7 月第 1 版第 1 次印刷**

©2023 中華教育

**規格｜**16 開（230mm x 250mm）

**ISBN｜**978-988-8860-10-4

# 可觸摸的流星

文／**葉淑婷**　圖／**黃慧儀**

中華教育

慕慕向媽媽說：
「今晚是獅子座流星雨，你帶我去看好嗎？」
媽媽回答：「好。」
吃過晚飯後，兩人一起出發。

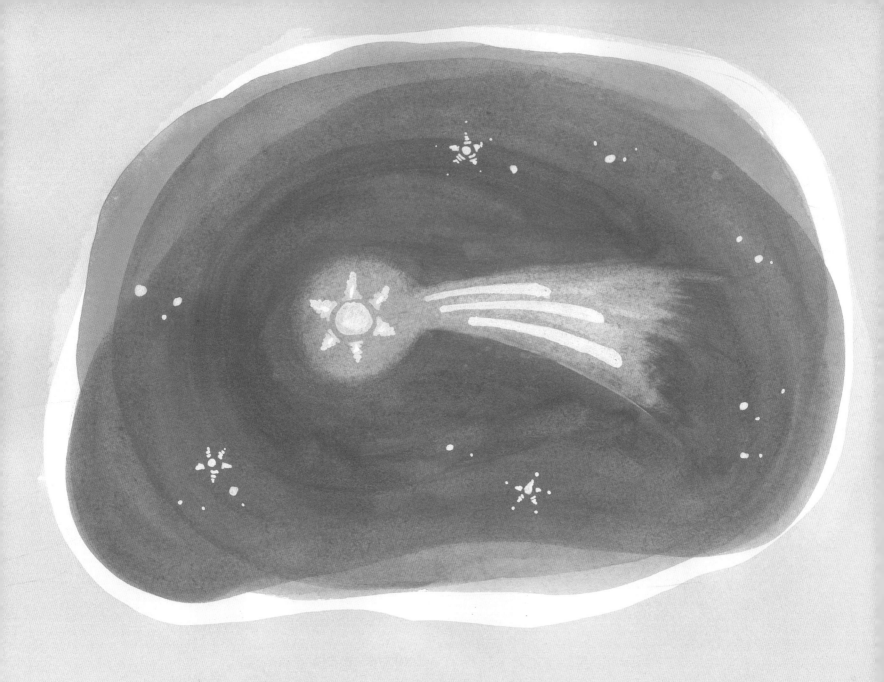

等呀等，有一顆流星忽然劃破天空。

媽媽和慕慕「嘩」了一聲後，忘記了許願。

幸好流星

一顆、

兩顆、

三顆……

不斷出現。

媽媽和慕慕馬上邊看邊心中許願。

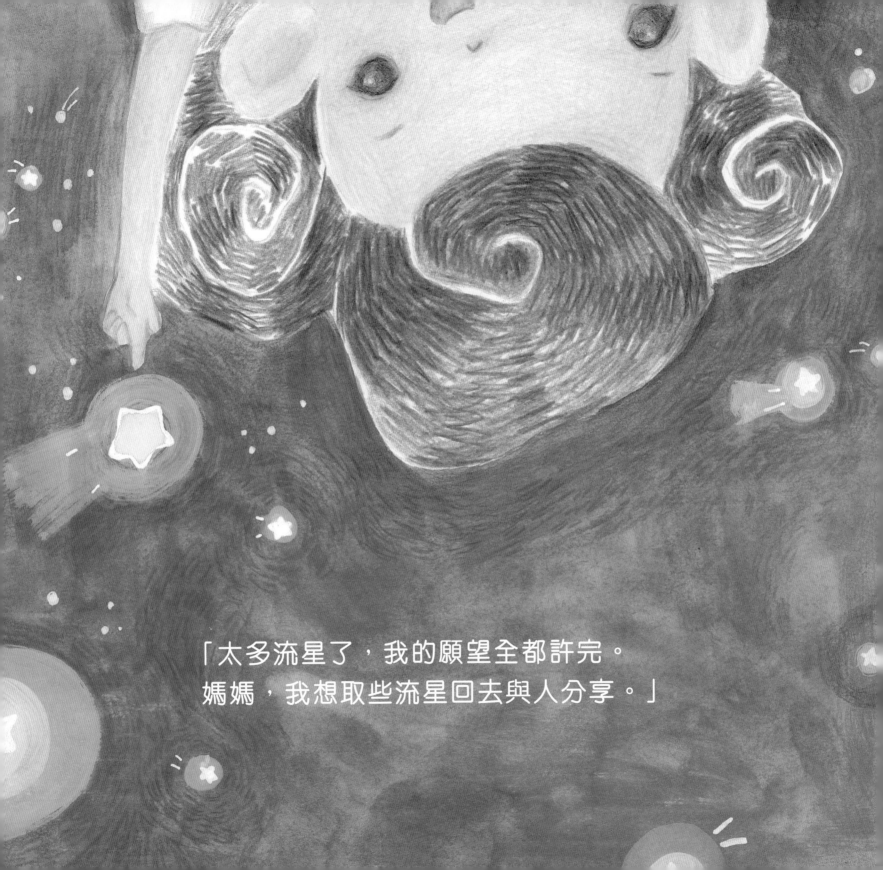

「太多流星了，我的願望全都許完。
媽媽，我想取些流星回去與人分享。」

「流星是取不到的。」

「我先試試吧！」

於是慕慕脫掉外套，把外套當成籃子。

流星真的 **落** 在他的衣服上，很快便裝滿了。

慕慕馬上問媽媽取環保袋，流星竟然落在袋裏。

流星很快便裝滿一袋、兩袋、三袋，
慕慕把滿滿的流星帶回家。

第二天，慕慕見到老伯伯望着天空。

「伯伯你在等甚麼？」

「我在等流星，但仍然未見。」

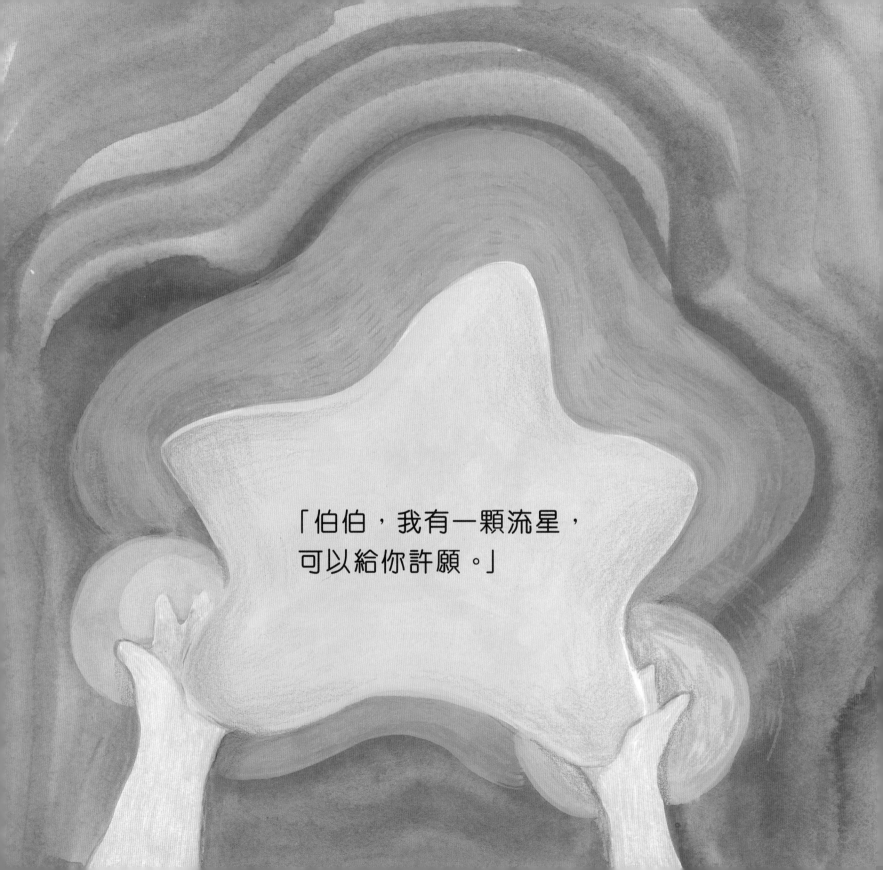

「伯伯，我有一顆流星，
可以給你許願。」

「希望老婆婆身體健康。」

慕慕見到小美姐姐在看天。

「你在等流星嗎？」

「是的。」

「我送一顆流星給你，
你可以許願了。」
慕慕把流星交給小美姐姐。

「希望我可以考入大學。」

慕慕又碰見森美哥哥。
「你要許願嗎？」

「是呀！我等了很久也等不到流星。」

「謝謝，我希望可以和爸爸媽媽環遊世界。」

慕慕不斷把流星分給別人，各人不斷許願。

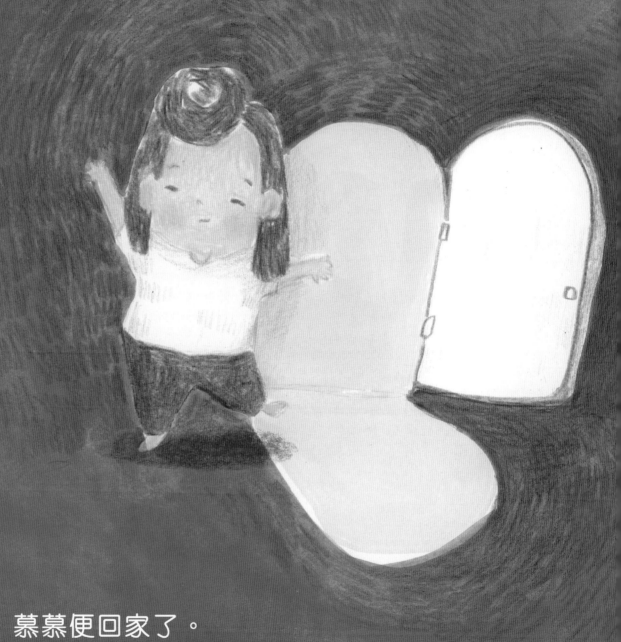

流星很快派完，慕慕便回家了。

慕慕問媽媽：

「甚麼時候再有獅子座流星雨？」

「可能一百年後。」

「我的流星已派完，但還想派發更
多流星，**怎麼辦？**」

第二天清早，
慕慕把廚房弄得
**一團糟**。

你說一百年後才有流星雨，我收集的流星已派完了，
可是還有很多人想要許願，我幫不了他們。

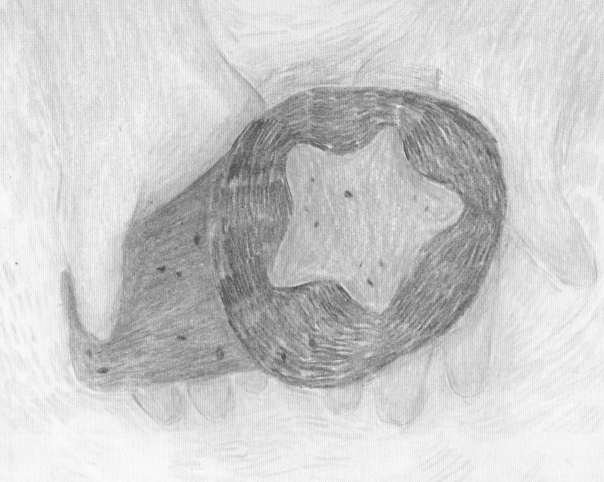

所以我打算派流星曲奇餅。

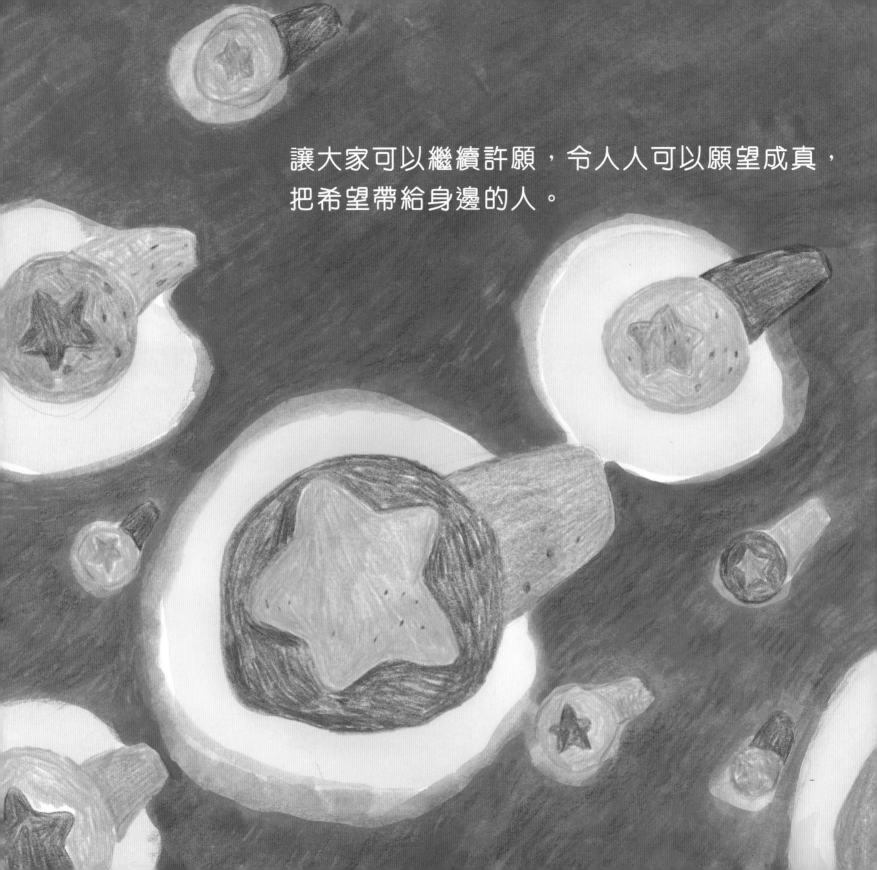

讓大家可以繼續許願，令人人可以願望成真，把希望帶給身邊的人。

1. 各位小朋友，畫出你心目中的流星，寫下你的願望，祝你們願望成真！

2. 如果你的流星派完了，你會怎麼辦？分享一下你的好主意！

## 作者　葉淑婷

現為小學校長，最愛與學生和兒子談天說地，更愛與他們說故事、看書，一起走進瘋狂幻想的世界和創作故事。葉校長亦喜愛繪畫及撰寫圖畫書，其作品《摸摸天空》獲得香港圖畫書創作獎佳作第二名。

葉淑婷校長從事教育工作多年，曾創辦學校，擔任學校顧問及編寫教材等工作；亦獲頒卓越教育行政人員 —— 優異教育行政人員獎。葉校長獲教育碩士（行政及管理）、基督教研究碩士、中國語文及文學碩士、美術及設計教育（榮譽）學士。